U0243519

系外行星

【美】底波拉·科普斯（Deborah Kops） 著

王 蒙 译

化学工业出版社

·北 京·

致Ben和Jonah。

图书在版编目（CIP）数据

系外行星 / 〔美〕科普斯（Kops, D.）著；王蒙译 . —北京：化学工业出版社，2015.9
（太空大揭秘）（2025.6 重印）
书名原文：Exploring Exoplanets
ISBN 978-7-122-24627-1

Ⅰ.① 系… Ⅱ.① 科…② 王… Ⅲ.① 行星—青少年读物 Ⅳ.① V185-49

中国版本图书馆 CIP 数据核字（2015）第 158415 号

Exploring Exoplanets / by Deborah Kops
ISBN 978-0-7613-5444-4

北京市版权局著作权合同登记号：01-2014-1587

责任编辑：成荣霞　　　　　文字编辑：陈　雨
责任校对：边　涛　　　　　装帧设计：尹琳琳

出版发行：化学工业出版社（北京市东城区青年湖南街 13 号　邮政编码 100011）
印　　装：北京瑞禾彩色印刷有限公司
889mm×1194mm　1/24　印张 1¾　字数 50 千字　2025 年 6 月北京第 1 版第 11 次印刷

购书咨询：010-64518888　　　　　　　售后服务：010-64518899
网　　址：http://www.cip.com.cn
凡购买本书，如有缺损质量问题，本社销售中心负责调换。

定　　价：18.00元　　　　　　　　　　　　　版权所有　违者必究

目 录

第一章

恒星与
行星............4

第二章

系外行星的
类型 8

第三章

探索系外行星....................15

第四章

搜寻系外行星的望远镜...........23

第五章

系外行星的未来搜索 31

词汇表....................38

延伸阅读....................39

图片致谢....................40

第一章　恒星与行星

天空中布满繁星。在晴朗的夜里，你能看到的大多数都是恒星。行星环绕这些恒星运行，但你却几乎看不到它们。这是因为，与恒星不同，行星自身不会发光。

夜晚的天空布满了行星和恒星。人们能够看到恒星，却几乎无法看到行星。你知道为什么吗？

行星指太空中环绕一个恒星运行的球状天体。地球环绕的恒星是太阳。其他很多行星也围绕太阳运行。

这是从太空中看到地球的样子。图中看到的非洲和南极洲上空的云层呈漩涡状。

太阳及围绕它运行的行星及其他天体，统称为太阳系。而环绕其他恒星运行的行星不属于太阳系，这些行星称为系外行星，并且离地球非常遥远。

插图展示了太阳及围绕它运行的行星及其他天体。

寻找系外行星

　　天文学家是研究太空的科学家。他们一直以来相信系外行星的存在，但很长时间并无证据。

天文学家使用巨型望远镜
寻找太空中的系外行星。

20世纪90年代，天文学家第一次发现系外行星。他们使用望远镜探测行星，目前已发现五百多个系外行星。

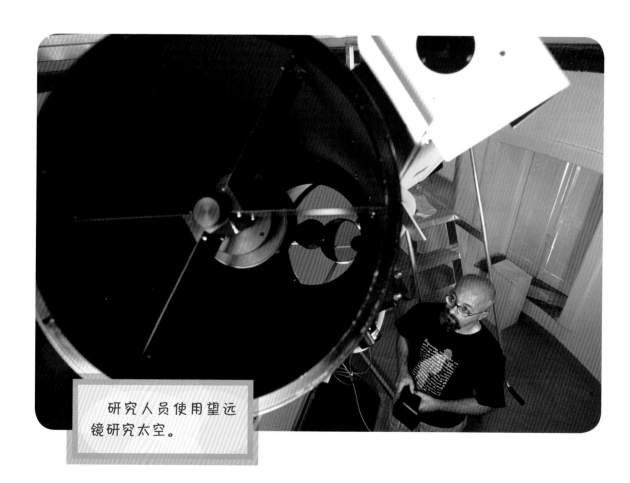

研究人员使用望远镜研究太空。

第二章　系外行星的类型

　　天文学家寻找各种各样的系外行星。一般来说，他们常发现较大的系外行星，这些行星最容易辨认。同时他们也在寻找像地球一样的小行星。

这是画家眼中系外行星的模样。你能想象到其他系外行星的模样吗？

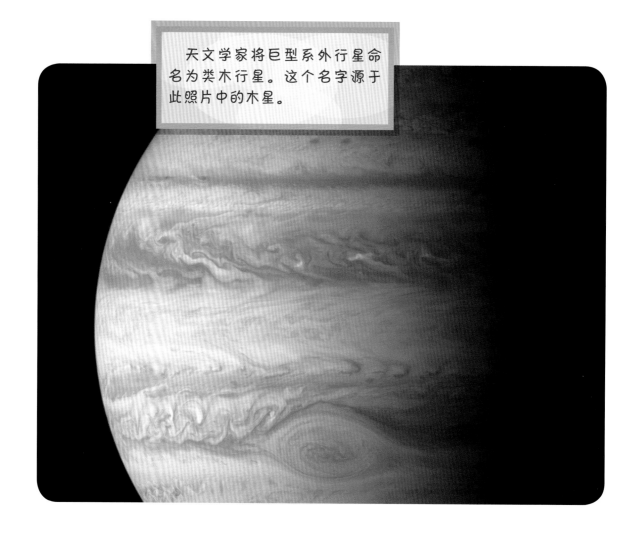

天文学家将巨型系外行星命名为类木行星。这个名字源于此照片中的木星。

木星与海王星

木星是太阳系最大的行星。所以当天文学家发现巨型系外行星时，通常将其命名为类木行星。

热木星是用来命名距离恒星较近的巨型行星。恒星极其炙热，靠近它们的行星也非常炙热。

插图中的热木星距其宿主恒星非常近。

有些系外行星比木星小，但仍比地球大很多，这些行星被称为类海王星。真正的海王星是我们太阳系的第四大行星。有些类海王星距其宿主恒星较近，被称为热海王星。

　　类木行星和类海王星均由气体组成。太阳系的木星和海王星也由气体组成。

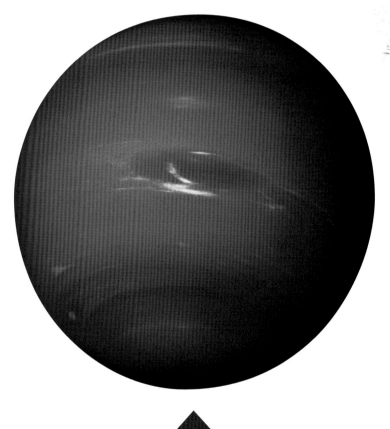

上图中的海王星是距离太阳最远的行星

类地行星

如同地球一样，较小的类地行星通常由岩石组成，但它们很难被发现。

天文学家认为图中的系外行星也许就是类地行星。

系外行星是否存在生命呢？天文学家认为类地行星上也许存在生命，因此，他们对类地行星的研究更有兴趣。

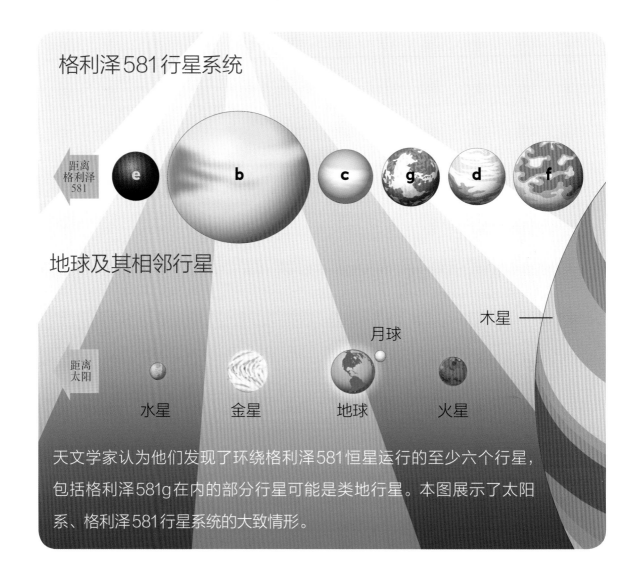

格利泽581行星系统

距离格利泽581

e　b　c　g　d　f

地球及其相邻行星

木星 —

距离太阳

月球

水星　金星　地球　火星

天文学家认为他们发现了环绕格利泽581恒星运行的至少六个行星，包括格利泽581g在内的部分行星可能是类地行星。本图展示了太阳系、格利泽581行星系统的大致情形。

第三章　探索系外行星

系外行星距离地球非常遥远，所以我们无法发射宇宙飞船寻找系外行星。从地球发射的宇宙飞船可能需要数万年才能到达系外行星！

图中，"新地平线号"飞船飞向太阳系最遥远的地方。宇宙飞船抵达系外行星需要多长时间呢？

即使使用望远镜，我们实际上也看不到大多数系外行星。恒星光芒过于明亮，我们能看到的便是恒星。天文学家必须先研究恒星，从而发现是否还有行星。

图中纽约的天文学家在研究恒星。即使最强大的望远镜也看不到大多数系外行星。

摇摆的恒星

假设望远镜对准一颗恒星，巨大的行星围绕恒星运行。在引力作用下，恒星与行星相互拖曳。行星的引力使恒星略有摆动。

这幅图展示了环绕格利泽876恒星运行的最外围系外行星。这颗大行星的引力作用使恒星发生摆动。

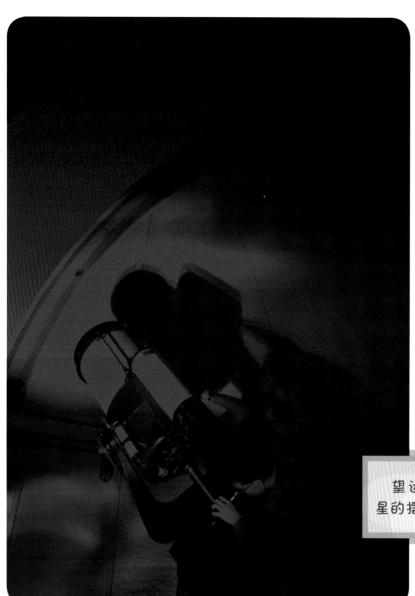

望远镜能够探测到摆动。摆动说明行星在环绕恒星运行。科学家采用这种方式发现了大部分系外行星。

望远镜必须对被探测恒星的摆动非常敏感。

插图展示了一颗环绕恒星运行的热木星及其卫星。

　　这种探测方式存在一个问题：望远镜可以很容易探测到大行星引起的摆动，而小行星引起的摆动却难以发现。

黯淡的光芒

摆动并不只是天文学家寻找系外行星的唯一依据，他们还会观察这些行星是如何影响恒星光芒的。

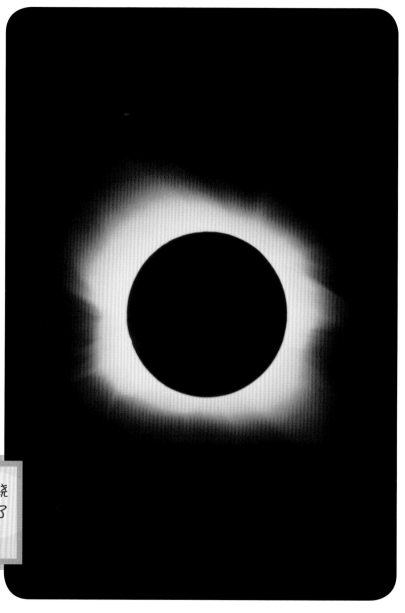

这张照片中，月球绕行到太阳前面，挡住了太阳光。

假设有一颗遥远的恒星，一颗行星围绕它运行。当这颗行星运行到恒星与地球之间，会挡住恒星的部分光芒。这样，探测到的恒星的光芒会黯淡下来，不再那么明亮了。

这幅图中是格利泽581恒星。当行星运转到恒星前面时，探测到的恒星光芒会变暗，出现暗点。

望远镜可以观察到恒星光芒中的这些暗点。天文学家通过观察这些暗点也许就会发现系外行星。诚然，天文学家等待这些行星再次运行到恒星前面的时间，少则几天，多则几年。因此，寻找系外行星需要耐心。

照片中金星运行到太阳前面，遮住了太阳部分光芒，出现暗点，像个微小的调光器。

第四章　搜寻系外行星的望远镜

图中的望远镜位于智利的一处山顶。这座山远离城市的灯光。望远镜能较清晰地观察到恒星。

欧洲南方天文台观测点位于智利山顶处。为什么天文学家使用望远镜需要远离大城市呢？

望远镜上配有特殊设备，如高精度径向速度行星搜索器(简称HARPS)。该仪器可以帮助天文学家搜寻摆动的恒星。2010年，天文学家使用HARPS发现了一颗类地行星。

插图展示了天文学家在智利发现的一颗类地行星。

凯克天文台的两个望远镜坐落于夏威夷的一处高山上。

凯克望远镜

　　天文学家还通过凯克天文台寻找系外行星。凯克天文台拥有两台大型望远镜，它们位于夏威夷某处高山上。每个凯克望远镜都配备了一面大镜子，镜子能够收集天空中的亮光。

地球上的大气层会妨碍望远镜的观测。大气层是包围地球的空气层。空气运动，会让地球看起来似乎明亮闪烁。

这张照片是从太空中拍摄的，展示了月球穿过地球大气的薄层。

凯克望远镜的镜子也会不断移动，镜面每秒钟会微动数次。微动的镜子可以摆脱闪烁，让天文学家更清楚地观察恒星。

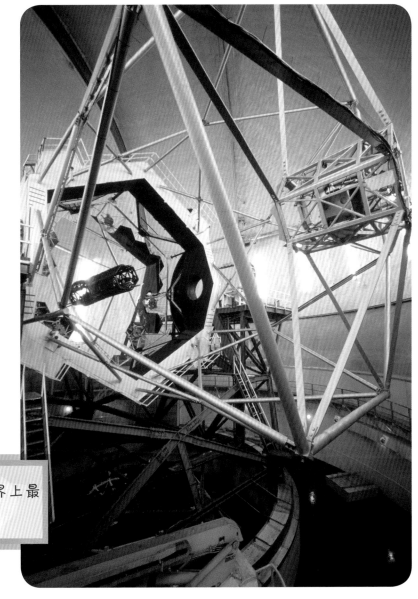

凯克望远镜是世界上最强大的望远镜。

太空中的望远镜

　　天文学家在太空中也使用望远镜。太空中的望远镜不必透过大气层进行观测。哈勃空间望远镜从1990年开始在太空中工作，并拍摄到第一张系外行星的照片。这个系外行星是个热木星。

　　图中所看到的是哈勃空间望远镜，它从1990年开始在太空中围绕地球运行。

另一个望远镜位于地球背面，搭载飞船围绕太阳运行，用来寻找类地行星。这个望远镜和飞船是开普勒计划的一部分。

这艘火箭于2009年发射，将开普勒飞船运载到太空。

开普勒望远镜指向巨大的恒星群，用来观测行星运行到恒星前面时光芒中产生的黑点。这个望远镜已经发现了成百上千的系外行星，其中至少有一颗极有可能是类地行星。

这幅图片展现了绕行太阳的开普勒飞船寻找系外行星。

第五章　系外行星的未来搜索

　　系外行星上存在生命的观点让科学家兴奋不已。科学家并不确定宇宙中的生命是普遍现象还是非常罕见。

插图展现一位艺术家所想象的系外行星格利泽581d表面。你是否觉得这和地球相似呢？

如果有生命存在，行星不能离恒星太近，否则会过热。行星也不能离恒星太远，否则会太冷。行星上温度适宜，液态水才能流动。所有生命都需要水。

插图展现了开普勒望远镜探测到一颗系外行星运行到恒星前面。科学家认为这颗系外行星距离恒星太近，无法维持生命存在。

天文学家认为开普勒望远镜能够发现存在生命的这类行星。未来更多具有强大功能的太空望远镜将会加入研究行列。

这张图片展现了开普勒飞船环绕太阳飞行的景象。它的任务是寻找系外行星

盖亚宇宙飞船

　　盖亚宇宙飞船将绘制一幅10余亿恒星的地图。盖亚将绕行太阳5年，期间会记录每个恒星的运动和亮度。这将帮助科学家构架太空的详细地图。

盖亚宇宙飞船的主要任务是绘制数十亿恒星的地图。

这张图片中所示的是热木星和小行星正绕行恒星。盖亚宇宙飞船帮助科学家确定行星的大小和运行轨道。

　　盖亚宇宙飞船还会观察包括系外行星在内的其他天体。飞船上的望远镜将测量已知系外行星的轨道，这也有助于科学家计算系外行星的精确大小。

詹姆斯·韦伯太空望远镜

　　恒星产生红外线。我们肉眼看不到红外线，但红外线望远镜能观测到。詹姆斯·韦伯太空望远镜用来寻找系外行星的红外线。

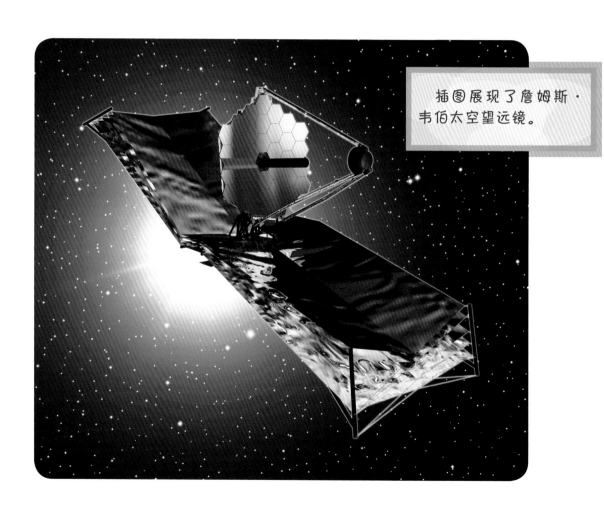

插图展现了詹姆斯·韦伯太空望远镜。

这些强大的望远镜能够发现更多类地行星。科学家能否证实这些类地行星上存在生命呢？我们能否参观这些行星呢？科学家正在寻找这些问题的答案。也许有一天，这些都会实现！

恒星构成了太空的这片区域。系外行星是否也位于其中呢？

词汇表

天文学家： 以天体以及天体运行规律为研究对象的科学家。

大气层： 环绕地球的空气层。

系外行星： 泛指太阳系以外的行星。

重力： 物体由于地球的吸引而受到的力。

红外线： 一种肉眼无法看到的光线。

木星： 太阳系体积最大、自转最快的行星。类木行星也用来命名和真正木星一样大的系外行星。

液态： 能够流动、倾倒的一种形态。

海王星： 太阳系第四大行星。类海王星也用来命名与海王星相似大小的系外行星。

运行轨道： 一个天体绕行另一个天体的路径。

行星： 太空中绕行恒星的巨大圆形天体。

太阳系： 以太阳为中心，所有受到太阳引力约束的天体的集合体，包括太阳与八大行星以及绕行太阳轨道的其他天体。

望远镜： 能够让遥远的物体看起来变得更大更清楚的设备。

延伸阅读

书籍

◆［韩］金志炫 著，金住京 绘.**掉入黑洞的星际家庭：从双星到超新星，揭开宇宙不为人知的秘密.**

我们的银河里，有2000亿颗星星。在这其中，有互相绕着旋转的双星，有忽明忽暗的变光星，有由许多星星聚在一起构成的星团，有爆发之前放出光芒的超新星，有把路过的星星都吸进去的黑洞。请跟随小主人公漫游整个银河，其乐无穷！

◆［韩］海豚脚足 著，李陆达 绘.**科学超入门（5）：月球——好奇心，来到月球！**

月亮的形状每天都在改变。有时候像盘子一样又大又圆，接着慢慢缩小成半个月亮，再过几天，又变得像眉毛一样又细又弯。通过与小主人公的月球之旅，你就会明白月亮形状变化的秘密，还有其中的规律了。

◆［韩］田和英 著，五智贤 绘.**科学超入门（4）：气体——气体，一起漫游太阳系！**

学习气体知识为什么要去行星上探险呢？本书如同一部科幻漫画，请跟随小主人公一起踏上了漫游太阳系的旅程吧！

网址

Cosmic Colors

http://spaceplace.jpl.nasa.gov/en/kids/cosmic/index.shtml#
通过各种不用的望远镜来发现外太空天体的样子。

HowStuffWorks—Planet Hunting

http://science. HowStuffWorks.com/planet-hunting.htm

在这里了解宇航员是如何探索系外行星的。

Hubblesite

http:// Hubblesite.Org

学习关于哈勃望远镜的知识，欣赏它拍摄的外太空照片。

▶ 图片致谢

本书所使用的图片经过了以下单位和个人的允许：© Oriontrail/ Dreamstime.com，图片4；美国国家航空航天局/JSC，图片5；© BSIP/照片研究者有限公司，图片6；© 探索者/照片研究者有限公司，图片7；© Pasquale Sorrention/照片研究者有限公司，图片8；美国国家航空航天局，图片9；美国国家航空航天局/JPL/太空科学研究所，图片10；美国国家航空航天局/JPL-Caltech/R. Hurt（SSC），图片11；美国国家航空航天局/JPL，图片12；© Detlev van Ravenswaay/照片研究者有限公司，图片13、19、21、35；© Laura Westlund/独立图片服务机构，图片14；美国国家航空航天局/JHUAPL/SwRI，图片15；© Alan Carey/The Image Works，图片16；© Mark Garlick/照片研究者有限公司，图片17；© 国家地理/SuperStock，图片18；© Bruce Herman/ Stone/盖提图文，图片20；© Jean Ayissi/AFP/盖提图文，图片22；© David Nunuk/照片研究者有限公司，图片23；© Martin Bernetti/AFP/盖提图文，图片24；© David Lloyd/ Dreamstime.com，图片25；© CORBIS，图片26；© Hank Morgan/照片研究者有限公司，图片27；美国国家航空航天局/JSC，图片28；美国国家航空航天局/Regina Mitchell-Ryall, Tom Farrar，图片29；© Dr. Seth Shostak/照片研究者有限公司，图片30；© Ron Miller，图片31；美国国家航空航天局/开普勒计划/Dana Berry，图片32；美国国家航空航天局/Ames/JPL-Caltech，图片33；© ESA – C. Carreau，图片34；Couresy of TRW，图片36；© European Southern Observatory/照片研究者有限公司，图片37。

封面图片：ESA/美国国家航空航天局/UCL(G. Tinetti)。